寺ねこDAYS
ねこはなやまニャい
貓僧人：有什麼好煩惱的喵~
御誕生寺 著
キッチンミノル 攝影

ねこよーけいるんやで
きーつけねや。
にゃあー
にゃお

第四章

了解御誕生寺……82

前言

御誕生寺，位於福井縣越前市的郊區。

本寺爲曹洞宗禪寺，寺境坐落在山腳下，除了一片蒼綠之外就是成群的貓、貓、貓……。寺內有二十名左右的修行僧，每天過著規律的修行生活。

貓咪們的體形花色各有不同，在寺境中恣意閒逛，或站或睡，嬉鬧玩樂。

除了當地居民會來逗貓之外，還有許多愛貓人不辭千里前來參拜，周末更是將寺內的大停車場停得水洩不通。

香客們摸摸貓，抱抱貓，拍些照片，其樂融融。

貓咪們不怕生，在人群中依然故我，甚至有些貓被摸了就瞇起眼睛，或者蹲在香客大腿上睡覺。

與貓一起悠哉久了，人們也變得悠哉起來，表情既安詳又和諧。有些香客還學著貓咪坐在地上，閉上雙眼感受微風吹拂。

「貓用身體感受萬物，忠於自我，感覺看著貓便頓悟了人生的煩惱。」

御誕生寺住持板橋興宗禪師微笑道。

人類喜歡去思考無法解決的問題，牛角尖鑽多了就成煩惱。

板橋禪師祥和的講述，並以貓咪們的生動樣貌，告訴我們何謂「沒煩惱」的人生。

第一章 心累了的時候

人學會語言，開始胡思亂想，於是有了煩惱

最近許多人因爲心靈的煩惱而疲憊不堪，御誕生寺也有許多煩惱的香客前來造訪。

人爲何會煩惱？佛教教義說人煩惱的源頭，是固執於自我中心的慾望與意願，將事物想得太過複雜。而人既然學會語言，煩惱便是「註定」。

世上所有生物只有人類會語言，並且用語言思考，之後建立文明，帶給我們舒適的文化生活，但同時也因爲想得太多太雜，才有了痛苦與煩惱。

人類有能力思考是很好，但卻也養成了思考癖，想得太多。

「他到底想怎樣？」、「怎麼會變成這樣？」、「之後還過得下去嗎？」

人就是喜歡想這些無法解決的事情而痛苦不堪。

有時希望事情這麼發展，或是那麼變化；或者盤算這樣不好，那樣才好，也都使人煩惱。煩惱源自於固執，固執則源自於人類根據語言發展出來的思考。

無論如何思考，腦中想像的世界都不會憑空成眞，問題也不會迎刃而解，但人類就是能夠以語言來思考，也因此沉迷於腦海中的世界。

犯了錯挨罵就會想「有那麼嚴重嗎？爲什麼要罵那麼大聲？」；房子裡太熱就會想「冷氣是不是不冷？天氣能不能快點涼下來？」，人喜歡不斷以語言思考，但這些終究只是腦中的念頭，因此煩惱全都出自人類自己。

近年來人們想得太多，煩惱沉重難耐，最終精神失衡，甚至有人因此輕生。

究竟該如何是好？其實盡量少想一些即可。要減少思考，就需將生活重點放在身體感官上。打坐之類的「禪修」正是感受身體的基本功，即使只是陪著自由自在的貓咪過生活，也能窺見「禪」的境界。

貓咪們碰到炎熱的夏天會躲在陰涼處，天氣冷了就盡量找溫暖的地方窩著，例如陽光底下或者剛熄火的汽車引擎蓋上。貓咪並沒有聰明到會叼塊坐墊窩在上面取暖，永遠只是見機行事。

貓咪沒有語言，不會像人類一樣想像些不存在的事情，不會想要什麼，不會後悔昨天，也不會擔心明天。貓咪的身體會感到飢餓或寒冷，但不會思考太久，也就沒有煩惱。

貓咪不用腦袋胡思亂想，只用身體感受，因此我們能向貓咪學習如何不要想太多。

猫は悩まない

貓咪不煩惱

貓咪沒有語言可以思考，即使喵喵叫或咪咪叫，也只是抒發當下的情緒。貓咪沒有語言，即使會搶東西吃，搶完也就沒事了。貓咪事後不會怨天尤人，不像人類以語言思考，也就沒有煩惱。貓咪以自己的「身體」去感受周遭環境的一切，以全身感受並活在當下。

便利は人を退化させる

（便利使人退化）

便利的生活固然舒適，但舒適卻隱含著墮落，便利同時也含有危險。將便利視爲理所當然，有如泡著溫水澡，溫水澡泡來舒服卻讓人忘記離開浴缸，這令人容易感冒。便利使身心軟弱，請想想自己是否太過依賴現代的方便。

今の極樂に氣づけ

領悟當下的極樂

人會計算幸福的條件，希望這樣又想那樣，對「明天」充滿夢想。但實際上我們只有「當下，這裡」。除了當下在這裡呼吸之外，沒有其他眞實。除了「當下在這裡的自己」之外，眞正的你還會在哪裡？當下所見、所聞、所感，這些感受才是眞正的「生命實感」，也才是幸福的原點。所謂極樂，盡在「當下，這裡」。

おいしい物を
食べるより
おいしく
食べよう

（與其吃得美味，不如吃得開心）

許多人都向外尋求「好吃」與「好玩」的事物，現代社會更是擺滿了精美的誘惑等著我們。但如果你向外看，再怎麼看都是無邊無際、無涯的慾望，永不可能滿足。因此關鍵在於向內看，自己吃得開心、玩得開心。只要先放空肚皮，一顆普通的飯糰也是人間美味。

失敗もするから成長もする

（失敗才會成長）

人生必定遭遇失敗，世上沒有從未失敗過的人。雖然任何人都會失敗，但失敗後的行動便造就了個人的不同。有人失敗之後眞心反省，改變言行，也有人歸咎他人，四處怪罪而心生怨恨。能夠誠實認錯並反省改過的人，是以失敗作爲成長的動力，不反省的人則不會成長。如何應對失敗，將改變往後的人生路。

猫は手をかさないが気持ちを休めてくれる

（貓不會幫你忙，但能讓你寬心）

貓咪不會思考，只是放空腦袋睡覺，一陣涼爽的微風吹來便舒服瞇眼，感覺危險靠近便閃身離開。有人拿飯來了，就伸個懶腰靠上前。貓咪不思考，只反應，眞是自然天生。貓咪是「順性而活」的範本，看著貓咪的生活，心靈也會更加祥和。

からだを動かせ脳がいきいきする

（運動身體，大腦就有活力）

人類習慣以語言思考，進而想些無法解決的問題，鑽牛角尖造成煩惱。要離開語言的世界，最好的方法便是運動身體。人生的重點是專注於身體感官活動，運動、健走，就連專心打掃也是一招。專注於身體感官可使大腦更加神清氣爽，吹走腦中陰鬱沉悶的念頭，消除疲勞、恢復精神。

ある時は あるがまま ない時は ないがまま

（得之我幸，不得我命）

人類有喜怒哀樂，被人誇了就喜，被人罵了就怒，是非常直接的反應。碰到難過的事情會難過，你應該接受難過的事實，別讓難過卡在腦中揮之不去。一旦大腦胡思亂想，悲傷就會更加擴散。只要將喜怒哀樂看成門前的風鈴，煩惱痛苦自然如鈴聲般隨風而逝。

つまずいた石は踏み台になる

絆腳石也能是墊腳石

人需要一股意願來邁向心中的目標，對自己想做的事情燃燒熱情，努力奮鬥到自己滿意爲止。這樣的人生必定有挫折，你的意願愈強，受挫的時候可能愈失望，但這股失望會是你的墊腳石。沒有意願的人不會受挫，不受挫的人也就不會頓悟。受挫的經驗絕非壞事，而是讓你飛躍的跳台。

ごくあたりまえに過ごしているのがよい

（過得理所當然才好）

人生的精髓在於「活得理所當然，順應天意」。早起上班是爲了討生活，理所當然；在職場上盡心盡力，理所當然；回家之後鬆口氣，大喊「今天也是順利收工啦！」，身體充滿心情工作所留下的暢快疲勞，心裡充滿完成工作的充足感。這樣充實而理所當然的一天，正是人生的喜樂。

第二章 人際關係有煩惱的時候

當腦中囤積煩惱，最好挺直腰桿來個丹田呼吸

貓咪似乎懂得誰喜歡牠，實在神奇。即使不給貓飯吃，貓也會主動上前磨蹭，或者坐在你腿上，眞是有看人的眼光。

拿貓與人比當然不是辦法，但人若是諸事不順，認爲自己被誰厭惡，應該反省眞正造成隔閡的人或許不是對方，而是你自己。

話說回來想太多也不好，當你覺得心中滿是煩惱，有個消除煩惱的好方法。請先挺直腰桿，無論跪坐或靠著椅背都行，只要腰夠直即可。

日文有許多詞和腰有關，意思有好，如：腰を据える（鼓起勇氣）、腰を入れる（投入精力）、本腰でやる（認眞做事）；也有壞，如：へっぴり腰（驚恐膽小）、逃げ腰（逃避）、及び腰（缺乏信心）、腰砕け（臨陣退縮）、弱腰（軟弱），可見日本文化多麼重視腰。日本文化是腰的

文化，無論武術或藝術都以壓低重心爲基礎，相撲選手之所以踏腳，就是要順勢壓低身體重心。

丹田位於肚臍下方，以中醫來說是五臟的中心，也是體氣的通道。只要擺好姿勢做丹田呼吸，大腦便會神清氣爽，心靈也跟著沉澱。

我去學校演說的時候一定先教大家丹田呼吸。「來，大家坐直挺腰，靜靜地深吸一口氣，似乎要把氣充到頭頂。接著把氣沉降到下腹，囤在丹田之中，慢慢地、靜靜地吐氣，吐到再也吐不出來爲止。接下來普通呼吸兩三口氣，再慢慢把氣吸滿，降到下腹，然後吐氣吐到底。」

重複三個循環之後，喧鬧的會場便會安靜下來，不是勉強的悶靜，而是如水面漣漪一般的閒靜。

呼吸可以安定心靈，可知其力量之大。最近有研究指出丹田呼吸可以分泌神經傳導物質血清素，有助於穩定情緒。

另外挺腰與丹田呼吸也是坐禪的關鍵。一般人對坐禪的印象是得忍痛盤腿，姿勢不對就被師父拿棒子打，非常嚴格而辛苦，但其實並非如此。

坐禪可以消除身心的拘束，讓心靈透氣，可說是放鬆身心的健康法。

我們應該更加推廣坐禪的效用，坐禪不僅是宗教活動，更是一種「身心舒暢法」。

除了丹田呼吸之外，還可以誦念一些阻絕思考的字句。語言使人漫無邊際地胡思亂想，甚至牽扯出過去的不愉快。只要心中默念無意義的字句便能斷絕思考，無需再鑽牛角尖。

默念的字句可以是「南無阿彌陀佛」，也可以是「謝天謝地」甚至「一二三四」，只要念起來順口好聽即可。我建議默念一些沒有意義，但念起來就是暖心的字句。

つらい時は天を仰いで深く呼吸をしよう

（難過的時候，抬頭仰望天空，來個深呼吸）

用丹田深深呼吸，心中的紛擾便會消失無蹤。大口吸氣囤在下腹，再慢慢吐氣吐個乾淨，大腦在這過程中無法思考。人一旦去想「爲何」，就會加深痛苦與煩惱。只要減少大腦運轉，排除心中煩惱，心情自然會平復。

ごめんなさい この一言で 心がほどける

（一句對不起，便心平氣和）

固執於無聊小事，只會增加自己的痛苦。即使自己有錯卻不甘道歉，因爲對方也不是全對……，這種想法會讓雙方關係尷尬，自己也快活不起來。人腦沒有執著的時候屬於無重力狀態，看過太空梭裡任何東西都能隨意漂浮、毫無阻礙嗎？只要放下執著，誠心道歉，彼此都能心平氣和。

わる口かげ口わが身に返る

（壞話，閒話，總會回到自己身上）

我們人類經常將語言化爲利刃，所有貶損、訓斥的語言都能傷人。日本人說語言有「言靈」，若將心中的憤恨、嫉妒、不平、不滿化爲語言，惡意就會放大並反射到自己身上。反射回來的惡意，會傷害活在當下的你。要避免惡意的傷害，請用心琢磨自己的言詞，不讓語言化爲利刃。

悲しみの数だけ優しくなる

（人有多少悲傷，就有多少溫柔）

悲傷的經驗很痛，但體驗過悲傷才會更溫柔。失去重要的事物令人失望甚至絕望，但必定要遭遇傷痛才會看清些什麼。有些事情只有經歷過才懂，自己體會了悲傷，進而開始注意他人的悲傷，注意得愈多，就變得愈溫柔、愈有人性。真正溫柔的人都有顆堅強的心，那是由無數悲傷鍛造而成。

親切という名のおせっかい

自以為好心的多管閒事

你是否曾經本著一番好意對人說些什麼、做些什麼，結果被罵多管閒事？無論你有多麼爲對方著想，總有些時候看在對方眼裡就是礙事。不清楚對方的人生，請不要過度介入。強迫中獎的好心，及謀求回報的私心更是不可取。眞正的好心，是見人有難而溫柔地伸出援手。

ホットなひと言を

（偶爾說句暖心話）

請記得不時對旁人打聲響亮的招呼，或者給個窩心的關懷。總是怨天尤人，抱怨自己倒楣透頂，或者高喊無聊無趣的人，只會令人爭相走避。而心平氣和，說話溫暖沉穩的人，才會吸引眾人乃至眾貓，因爲溫和的口吻連動物都喜歡。

しかってくれる友を持とう

（交個會訓你的朋友）

人類是軟弱的。只有極少數人才能夠光靠意志力管控自己，因此身邊若沒有人訓斥，人通常會懈怠下來。人在慵懶的環境中，精神會流於怠惰，失去生氣。人需要緊張感才能提升活力，所以最好有個偶爾會訓你的朋友，他人嚴格的眼光能夠使你成長茁壯。

言葉には温度がある

（語言有溫度）

若你用的詞句太過貧乏無力，就無法體會語言的奧妙。詞彙有如畫家的顏料，顏料種類愈多，表現手法愈有深度；而詞彙愈豐富，傳達意思就愈精確，對方也愈容易理解。若不想要泛泛之交，而是彼此更深入的了解，請增加你的詞彙，成爲表現方式豐富多元的人。

人とくらべるから悩む

（與人比較便有煩惱）

執著於社會或親友的評價，或者同儕之間的競爭，人就會有與他人比較的衝動。人之所以有自卑感，證明人類執著於世間名聲。但無論人如何煩惱，現實都不會憑空改變，務必領悟煩惱都發自心中。懂了煩惱的來源，放下執著，不再與他人比較，人生便更加快樂。

腹がたったら十（とお）まで数えよ

火氣上來就數到十

火氣就像我們心裡的漣漪。往池裡扔顆石子，撲通一聲泛起陣陣漣漪，但過陣子便恢復平靜。心靈的漣漪也一樣，當火氣上來請先等個十秒鐘，無論火氣多大都會隨著時間消退，退火了就不至於有情緒性的行爲。一旦忍不住火氣而爆粗口，雙方就會吵起來，但事後通常徒留悔恨。

第三章 人生方向有煩惱的時候

別被舒適與方便綁架，人生要有自己的「節制」

目前日本是全球數一數二的富裕國家，但人類追求方便、舒適、快樂的生活，卻不保證就能獲得「幸福」。

愈來愈多人感覺心靈不滿足，這是因爲追尋幸福的方向錯了。人們以爲幸福是追求物質、金錢上的舒適與快樂，只要錢愈多、權勢愈大，幸福的條件就愈齊全。

然而幸福終究取決於人們自己的感受，一旦計較幸福的條件，執著於腦中的想像，就會無窮無盡地追尋，追尋「更好吃」、「更好玩」的事物，超出了能力所及。

結果吃遍了天下美食，搞壞腸胃又肥胖臃腫，這是身體自知負擔不起的緣故。大腦則更糟糕，上癮了仍無自覺，沒有更強的刺激就不甘心。電腦手機裡充滿垃圾資訊，腦袋不會暢通，只會中風。

不斷追求「加法慾望」，人心會生病，進而汙染環境、暖化地球，我們的物質文明終究會毀滅。

但人腦同時也有克制慾望的能力，我認爲未來人類最大的智慧便是「節制」。

找個機會停下文明生活，並不是要你完全拋棄文明，而是在方便的生活環境中偶爾離開電腦與電視，在大自然之中沉澱心靈。聰明人或許會崇尚儉樸生活，但關鍵在於每個人依自己的狀況來節制即可。

我發現愈來愈多都市人開始回流鄉村，人類原本就誕生於自然，全身都能融合於其中，但現代人卻脫離了大自然，活在鋼筋水泥裡。

御誕生寺有許多愛貓的香客前來參拜，但我想光是有貓，寺裡不會有這麼多香客。

必定是因爲這裡草木欣欣向榮，有親近大自然的氣氛。在水泥叢林裡生活久了，難道不想親近大自然嗎？這時候聽說「有座寺廟環繞在大自然與貓群中」，當然想來參拜看看。寺廟又是修道的場所，感覺能擺脫塵世煩惱，相當舒暢。

生活目標與興趣也很重要，隨著醫學技術進步，人的壽命會愈來愈長，老年生活的比例也愈來愈重，因此如何度過老年就成了大問題。若有個人生目標，老了也不覺得寂寞；有個全心投入的興趣，可以避免胡思亂想。你可以趁著退休之前就找個興趣，人類就是喜歡透過創造事物來表達自我，琴棋書畫、捏陶種花等等都好。

我想未來真正能夠幸福的人，不是擁有許多金錢物質的人，而是能夠過得簡樸節制，又有生活目標的人。

有りすぎて不足を感じている

擁有太多反而匱乏

這是個物質豐饒的時代，豐饒到過剩的時代，但想必很多人依然覺得「還不夠」。習慣了舒適輕鬆的生活之後，身心會變得頹廢，心靈一旦渙散就無法掌握目標。心靈沒有目標，身體跟著怠惰，身體怠惰下來又造成心浮氣躁。身心頹敗的人會想要追求更多刺激，因此永遠都感覺匱乏。

形がくずれると内容もくずれる

外在頹敗，內在跟著凋零

人類與其他動物的差別之一在於創造紀律，或者說規矩、習慣、道德，聽來感覺充滿限制，但人類有了紀律才能維護社會健全，共生共榮。有人覺得只要內在夠美，外在散漫也沒關係，但這種想法會令人墮落。一旦外在頹敗，內在必然跟著凋零，很多例子都是保持了美好外在，內在才能跟著健全。

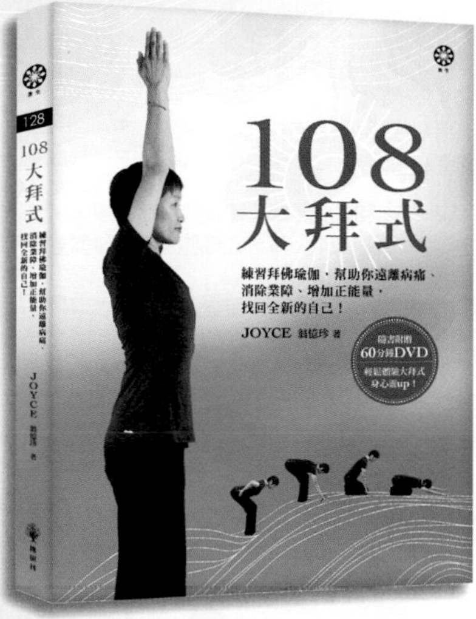

108 大拜式

練習拜佛瑜伽，幫助你遠離病痛、
消除業障、增加正能量，
找回全新的自己！

作者／JOYCE（翁憶珍）
定價380元

瑜伽讓我的身體找到了道路，佛法則讓我的心靈找到了歸宿！
隨書附贈60分鐘DVD 輕鬆體驗大拜式，身心靈up！

JOYCE老師發想集運動與修行於一身的「一〇八大拜式」，是種結合瑜伽的身與佛法的心而具「改善內在本質」的運動，但又與其他瑜伽不同，雖然它是從身體的鍛鍊出發，卻可透過五體延展進入深層的心靈，在潛移默化中得到淨化，使身心靈都能感受源源不絕的能量。

若從心靈層面來看，藉由大禮拜來表達對佛菩薩的虔誠禮讚，相輔相成的身心交感，對人的性靈與能量產生莫大影響，達到從內到外的明顯改變。

在修行中鍛鍊身體，以瑜伽式修練心靈，讓拜佛瑜伽帶領我們認識真正的自己，從而擁有更平靜、更喜悅、更豐實的生命篇章！

ゆとりとゆるみはちがう

（從容不等於懶散）

現代日本重視「自由」、「個性」以及「從容」，但自由容易淪爲放縱，個性容易淪爲任性，從容更容易淪爲懶散。從容原本是代表一個人有內涵且心靈富足，完全不等於懶散。一個人長期不受管束，隨心所欲地過活，心靈很容易變得懶散，若想提振精神，便有必要建立生活的步調節奏。

あわてるな 昔はみんな 歩いてた

（不急，以前大家都用走的）

現代人搭車移動是理所當然，連高鐵飛機都成了家常便飯，然而生活太過便捷，是否令你錯失了其他重要的事物？當整個社會的步調更慢一些，世界潮流的行進速度減半，你必定能重新審視許多價值觀。有時別搭車改走路，多花點時間移動，或許能讓你有新的發現。

道に迷って道をおぼえる

（曾迷路才記得路）

尋找自己要走的路很重要，但即使迷路受困也不算浪費。所謂人生道路上的障礙，是你視其爲障礙時才阻撓你，遭遇困境只要勇敢面對，發揮智慧應對問題即可。當下看似阻力，未來也可能轉爲助力，反之亦然。如何面對人生，取決於你的一念之間。

人には年齢に応じた初心がある

（人的初衷隨著年齡改變）

人立志要追求自己喜歡的目標，無論幾歲開始都不嫌晚，都辦得到，因爲人的初衷會隨著年齡改變。人生在世需要立志，對自己的目標燃燒熱情、努力衝刺，因此在人生路上受挫迷途了，也可以重新開始。挫折時，請記得找回初衷，貫徹始終，必定能開創新局。

單調でつまらない努力こそ底力

（單調無趣的努力，就是你的潛力）

人無論做什麼都需要基本功，基本功練起來單調、無趣又不起眼，而且跟你想做的目標差很遠，但若討厭打基礎，三不五時便轉換跑道，就永遠無法眞正完成一件事。若是圖輕鬆而逃避打基礎，這輩子只要碰壁就會放棄。只有累積單調無趣的努力，才能形成突破障礙的潛力。努力將一件事情做完，才有眞正的感動。

飛んで苦に入る欲の虫

（慾望有如撲火飛蛾）

人類文明進步的原動力，來自心中無止境的慾望，而這無止境的慾望還是「加法慾望」，怎麼加都加不完，永遠沒有盡頭。但無論物質生活多麼富足，生活多麼便捷，人心依然不會滿足，不足的人心就會充滿痛苦。現代人真正需要的，是能夠克制慾望的「節制的智慧」。

能力とはやる気である

（能力就是幹勁）

完成一件事情的能力並非與生俱來，而是幹勁愈高愈有能力。幹勁就是拼命努力的決心，無論工作、興趣、運動，只要渾然忘我地做下去，就會感到充實。人類希望能夠充實自我，達成理想。只要放棄無謂的語言思考，一心達成「當下」堅持的夢想，自然沒有煩惱。

御誕生寺的人氣貓

本寺目前照顧著二十七隻貓，每隻的樣子與脾氣都不同，獨具特色。在此介紹其中最受歡迎的八隻貓。

雷歐（レオ）

「貓寺」中最知名的元老貓，估計有十二歲，個性沉穩，但也是第一任性。非常喜歡汽車，看到車門打開就會坐上去。

編按：於 2017.08 安詳離開貓世。

太田（オオタくん）

膽小到會怕其他小貓，大半天都待在寺務所的太田箱裡面。

岡薩雷斯（ゴンザレス）

名字兇悍卻是個喜歡待在寺務所裡的宅宅，最愛地點是櫃台上、籃子裡或影印機上。

毛夫（モフモフ）

挪威森林貓，喜歡獨處的獨行貓，只肯讓太田靠近。

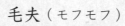

黑毛夫（クロモフ）

不怕人，香客想抱就抱，但就是對毛夫特別壞。

阿福（ふくちゃん）

戒心高，尚未結紮，因此不時會生小貓，小貓很受歡迎，很快就會被領養。

阿達（たっちゃん）

火氣較大，喜歡追著其他貓找碴，有時也會黏著其他貓撒嬌。

風太（風太くん）

體格壯碩，體重也是重量級，勇猛有力，推測是寺內打架冠軍，臉型又帥氣，是條貓漢子。

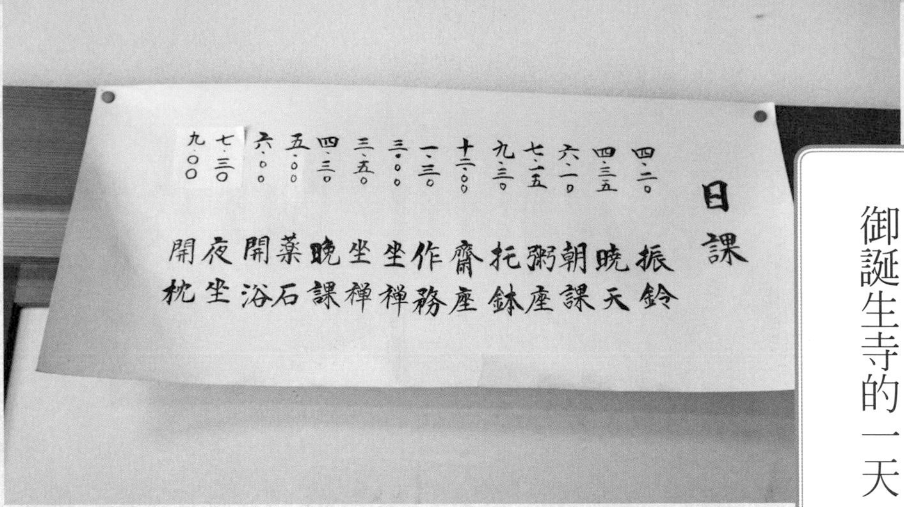

御誕生寺的一天

御誕生寺是栽培曹洞宗僧侶的修行場所，寺裡的人每天都照著既定行程過著規律的生活，讓我們看看寺廟裡的一天。

日課

一天的起點是早上四點二十分的「振鈴」，以手木魚叫人起床，結束則是晚上九點的「開枕」(就寢)，期間每個時段都有規定該做的事情，一年三百六十五天從不間斷。

am4:35 坐禪

盥洗結束之後立刻開始坐禪，早上的坐禪稱為「曉天」，右圖中的僧人頭上放了小坐墊，是用來矯正打坐的姿勢。

am6:10

朝課

前往本堂誦經，早上誦經稱為「朝課」，大約四十分鐘。有些季節只要早點打開本堂大門，雷歐就會來參加誦經（？）。

am7:00

作務

眾人在寺境內到處撿拾貓便，整理環境。禪寺中有包括打掃在內的許多工作，稱為「作務」，這些工作也是修行的一環。

澎澎（ポンポン）是不敢跟其他貓相處的膽小貓，平時都養在室內，朝課結束之後會出來觀察情況。

am7:00

作務

僧人們在吃早餐之前要先餵貓。每天餵貓兩次，分別是早上七點與下午三點半。每到餵貓時間，貓咪就會從寺境各個角落冒出來。

am7:15

用餐

早餐稱為「粥坐」，主食就是粥，開動之前要先誦經，而且用餐規矩十分嚴謹。修行僧們要使用自己的餐具組，稱為「應量器」。

am9:30

作務

用完早餐之後可能會出門化緣（修行僧托著缽外出，接受民眾捐獻的金錢或食物），也可能執行作務或學課。寺境寬闊，維持清潔相當辛苦，每天都得掃落葉與拔草。

趁著作務與學課之間的空檔，用電腦更新御誕生寺的部落格與臉書。

除了學習佛教經典，還會從寺外聘請老師教導書法，由於僧侶經常寫毛筆字，因此務必要學書法，另外還會學習茶道與手語。

am11:00

學課

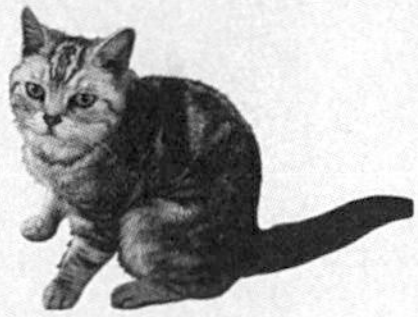

pm2:30

作務

下午，大批香客開始湧入，廣大的停車場逐漸被停滿，招待香客也是寺廟的要務之一。

第四章　了解御誕生寺

曹洞宗有兩大本山（總部），一個是開宗祖師道元禪師所創辦的永平寺（位在福井縣），另一個是走遍日本宣揚道元禪師教義、穩固門派基礎的瑩山禪師所創辦的總持寺（原本在石川縣，現在遷至神奈川縣）。

御誕生寺坐落在瑩山禪師約七百五十年前的出生地，當時的地主篤志家捐獻土地，招聘總持寺貫首（大本山住持）兼曹洞宗管長（統領教派的長老）板橋興宗禪師來擔任開山住持，耗費十年才興建而成，本堂於平成二十一年竣工。

目前每年有兩、三萬名香客參訪，來自全國各地。

副住持豬苗代昭順師父說：「停車場裡明顯有很多外縣市車牌，想必許多香客是不辭千里而來。一般寺廟是靠歷史悠久的佛像建築，或者美麗的庭園景觀來吸引香客，而我們靠的是貓（笑）。」

據說這間「貓寺」是源自於四隻棄貓。

高齡九十歲的板橋禪師，每天早晚都與修行僧一同坐禪，終生修行。

流浪貓聚集的「貓寺」

在寺廟建造過程中，某天有人將四隻小貓裝在紙箱裡，偷偷丟棄在寺境中。愛貓人板橋禪師收養了這四隻貓，早晚餵水餵飯，小貓長大又生了小貓，再加上更多的棄貓，寺內的貓咪有增無減。

但是太多貓咪，寺裡的人無法逐一照顧，貓咪也很可憐，因此大概八年前將寺裡大約二十多隻貓抓去結紮，貓咪便不再繁殖。

然而網路上開始流傳「有間寺廟裡面好多貓」的消息，香客愈來愈多，同時棄貓也愈來愈多，再加上棄貓繼續繁殖，三年前寺裡的貓咪已經多

八十隻減為二十七隻，貓咪們也輕鬆不少，在自己喜歡的地點睡午覺。

達八十隻。

豬苗代副住持說：「八十隻貓眞的不好照顧，而且彼此還會吵架，使用本寺墓園的街坊和附近的農民更是抱怨貓咪擾人。我們心想必需解決問題，最後決定採用佛教的方法，就是找人領養結善緣。」

話說回來，要幫八十隻貓找到領養人並不容易，談領養相當費時，寺方首先幫所有貓咪取名掛項圈，讓貓咪感覺更可親，還成立了部落格與臉書來宣傳。

除了寺方的努力，電視也幫忙介紹有座滿是貓咪的寺廟，不斷出現飼主報名領養，如今廟方所照顧的貓咪爲二十七隻。

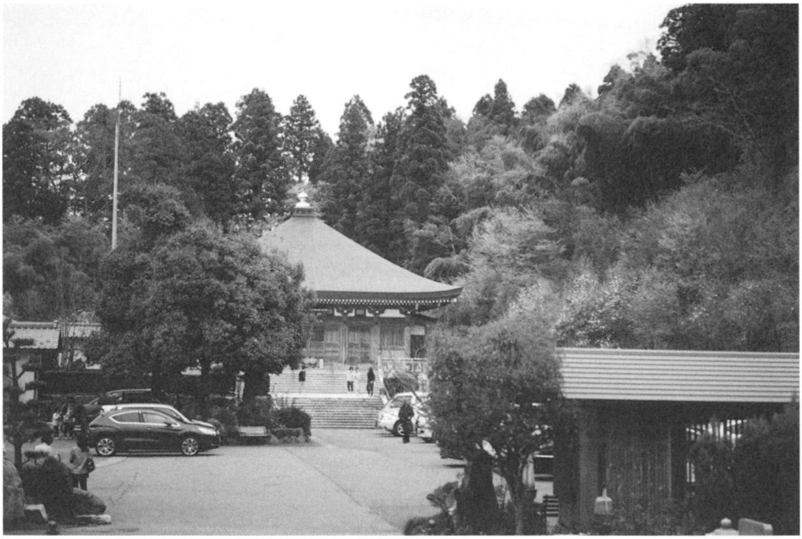

正面為御誕生寺本堂，停車場雖大，一到假日仍會被香客的車輛停滿。

目前貓咪們不但有許多香客粉絲與網路粉絲，還有人捐貓飼料，希望御誕生寺能收留自己的貓。

話說寺方管理的二十七隻貓都有項圈，但寺境中偶爾會見到沒有項圈的貓咪，牠們是最近才出現的新棄貓。

豬苗代副住持說了：「寺裡的監視攝影機不時會拍到有人來棄貓，這些人很過分，但寺方還是會給貓咪餵水餵飯。先讓貓咪習慣環境，再習慣人群，然後抓起來送去給獸醫檢查有沒有疾病，同時結紮。如果貓咪有傳染病，將會影響寺內其他貓咪的健康，問題相當嚴重。

總之我們希望民眾不要以爲把貓丟在本寺就

被寺方正式收編（？）的貓咪，會掛著印有御誕生寺朱印的項圈。

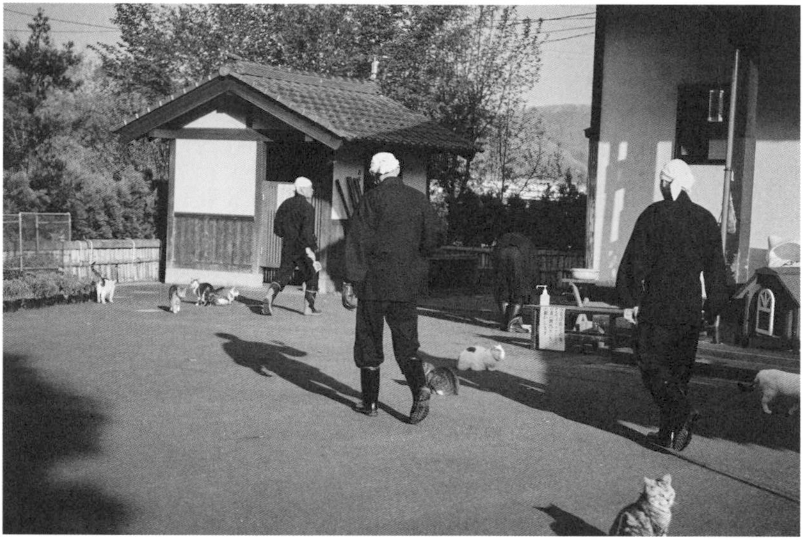

早上有打掃等作務，是修行僧的忙碌時間，貓咪們也異常活潑。

能放心，貓咪再多下去，我們會很傷腦筋。所以本寺在提供水與食物的同時也要控管貓咪數量，向香客們解釋『爲什麼寺裡有些貓有項圈，有些沒有』，讓香客們了解現在還是有人偷偷來棄貓。」

照顧貓也是修行

二十七隻（或再多一些）貓是由修行僧負責照料，寺內有專門餵貓的僧人，但基本上所有僧人都會照料貓。寺廟中的打掃等日常雜務都屬於修行，照顧貓當然也是修行的一環。

寺內例行公事包括早上在寺境內撿貓便（參

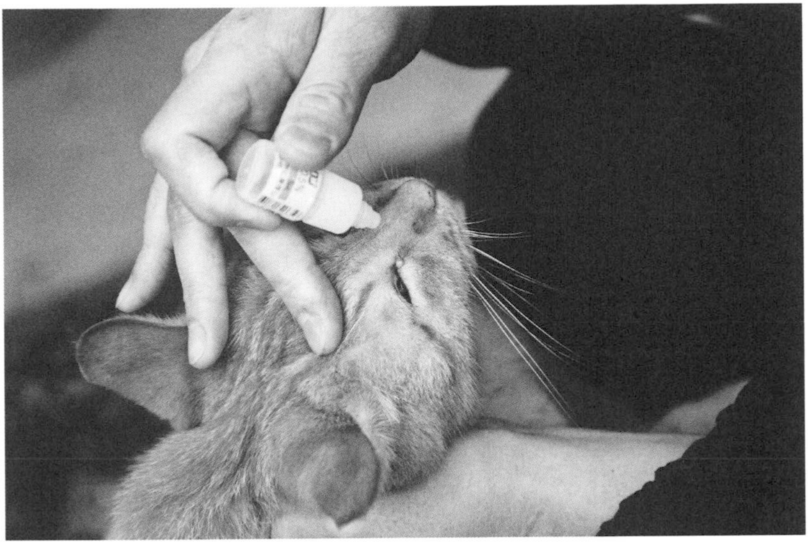

在自然環境中嬉鬧的貓咪難免會受傷生病，僧人正在幫長眼屎的貓咪點眼藥水。

考第七十九頁）、餵飯、清掃貓屋。寺內有讓貓自由進出的貓屋，由於本地冬季寒冷多雪，貓屋裡還有電熱毯和熱水袋。

貓咪的健康也要用心管理，只要發現貓咪受傷或沒精神，便立刻送往動物醫院檢查。每隻貓的個性與習慣都不同，傷病照顧與健康檢查都要配合貓咪各自的特色。豬苗代副住持說了：「我想這也算是很好的修行。通常來修行的人都是老家有寺廟，將來要接棒當住持的人，自己繼承的寺廟會有很多香客造訪，若你希望寺廟香火鼎盛，住持名聲響亮，就得懂得應對各種不同的人。當一個住持要聽許多人吐苦水，你要怎麼隨機應變，體貼深思？我想透過照顧貓，僧人們應

等待認養的小貓們，上網募集飼主之後很快就被認養回去。

該可以學到『體貼』這回事。」

然而無論怎麼細心照料，還是有貓咪會死去。寺廟同時讓僧人學習照顧生命直到盡頭的重任，以及從中體悟生命的份量。

與兩百七十多隻貓結緣

御誕生寺的貓咪數量一時下降不少，但寺方依然努力爲貓結善緣，推廣愛貓活動。

首先寺方提供場地，每年會舉辦兩到三次的認養會，認養會與地方政府合作，定期造訪縣內七個愛護動物中心尋找健康狀態優良的貓咪，告訴中心哪個日子會舉辦貓咪認養會，如果貓咪沒

豬苗代副住持正在更新臉書，找到飼主領養就會向網友報告。

人認養可以送來參加。

許多貓咪待在愛護動物中心等不到認養，來參加寺裡的認養會或許能找到新主人。這項活動是為了結善緣，會在網路上先行宣傳，每次活動都相當熱鬧，還得派人在停車場指揮交通，也有許多貓因此獲得認養。

寺方雖然不會領養貓咪，但豬苗代副住持會破例幫忙找人領養。網路真的很有渲染力，御誕生寺的臉書粉絲頁大約有一萬名粉絲，每篇「徵求認養」的文章都有一兩千個「讚」，一百多個分享，可見影響力之大。

本寺三年來透過這樣的介紹活動，替兩百七十多隻貓咪結了善緣。

每天兩次放飯時間，貓咪就會聚集起來，不少香客就是等著看這個。

豬苗代副住持說了：「最近各地民眾高喊不要撲殺流浪貓，但我認爲應該先減少不負責的飼主。如今還是有很多人爲了自己方便就不管寵物死活，最近掀起一股養貓潮，這潮流有好有壞，最壞的一面當然是棄貓。日本有了動物愛護法之後，棄養寵物屬於犯罪，會吃上刑責。然而在法律訂定之前有很多腦袋老古板的人，想說把貓丟在御誕生寺就能解決問題，丟得心安理得，然而這只是逃避責任。我認爲這個心態一定要改，所以看到有人因爲棄貓而被逮捕，覺得是個很好的警告。

人心的缺失搞到要用法律解決，其實是非常的遺憾，但社會大眾都得遵守規矩，該有的道德

貓屋有完善的冷暖空調，而且保持整潔，讓貓咪們睡得乾淨又舒服。

還是要有。」

寺方希望能宣導對寵物負責的心態，而不是成爲收養寵物的收容所。

曾經有老夫妻表示：「我們愛貓所以想養貓，但是年紀大了，不知道是貓先走還是我們先走，所以沒辦法繼續照顧下去。」因此寺方會幫忙找奶貓志工，把剛出生的小貓奶到夠大再送養，不僅可以激勵老人家，也擴大愛護動物活動的範疇。

御誕生寺期望每隻貓咪都能與人相遇，結善緣得幸福，這期望正是所有活動的動力。

〈御誕生寺導覽〉

福井県越前市庄田町32-1-1　☎0778-27-8821

交通方式

電車：從 JR 名古屋站搭北陸本線特急白鷺（しらさぎ）列車，約兩小時抵達武生站（從 JR 米原站搭至武生站約五十分鐘），再搭公車約十五分鐘便抵達御誕生寺。

汽車：走北陸自動車道，下武生交流道之後約十分鐘車程。

※歡迎自由參拜，早晨與晚間坐禪可自由參加。早晨坐禪 4：30 分起，晚間坐禪 19：30 起。

※每周日舉辦體驗坐禪，13：30 分起，另有說法會 15：00 起（請電話預約參加）。

御誕生寺部落格「ぬこてら」 http://blogs.yahoo.co.jp/gotanjouji

御誕生寺臉書網址　https://www.facebook.com/gotanjyouji/

Original Japanese title: NEKO WA NAYAMA NYAI

Original Japanese edition published by The Orangepage, Inc.
Traditional Chinese translation rights arranged with The Orangepage, Inc.
through The English Agency (Japan) Ltd. and AMANN CO., LTD., Taipei

衆生系列　JP0132

貓僧人：有什麼好煩惱的喵～　ねこはなやまニャい

作　　者／御誕生寺（ごたんじょうじ）
攝　　影／キッチンミノル
譯　　者／歐凱寧
責任編輯／李　玲
業　　務／顏宏紋

總 編 輯／張嘉芳
出　　版／橡樹林文化
城邦文化事業股份有限公司
104 台北市民生東路二段 141 號 5 樓
電話：(02)2500-7696　傳眞：(02)2500-1951
發　　行／英屬蓋曼群島商家庭傳媒股份有限公司城邦分公司
104 台北市中山區民生東路二段 141 號 2 樓
客服服務專線：(02)25007718；25001991
24 小時傳眞專線：(02)25001990；25001991
服務時間：週一至週五上午 09:30 ～ 12:00；下午 13:30 ～ 17:00
劃撥帳號：19863813　戶名：書虫股份有限公司
讀者服務信箱：service@readingclub.com.tw
香港發行所／城邦（香港）出版集團有限公司
香港灣仔駱克道 193 號東超商業中心 1 樓
電話：(852)25086231　傳眞：(852)25789337
Email: hkcite@biznetvigator.com
馬新發行所／城邦（馬新）出版集團【Cité (M) Sdn.Bhd. (458372 U)】
41, Jalan Radin Anum, Bandar Baru Sri Petaling,
57000 Kuala Lumpur, Malaysia.
電話：(603) 90578822　傳眞：(603) 90576622
Email：cite@cite.com.my

封面設計／兩棵酸梅
內文排版／歐陽碧智
印　　刷／中原造像股份有限公司

初版一刷／ 2017 年 10 月
ISBN ／ 978-986-5613-56-3
定價／ 350 元

城邦讀書花園
www.cite.com.tw

國家圖書館出版品預行編目（CIP）資料

貓僧人：有什麼好煩惱的喵～ / 御誕生寺作；歐凱寧翻譯. -- 初版. -- 臺北市：橡樹林文化，城邦文化出版：家庭傳媒城邦分公司發行，2017.10
面；　公分. --（衆生系列；JP0132）
ISBN 978-986-5613-56-3（平裝）

1. 貓　2. 文集　3. 照片集

437.3607　　106015482

廣　告　回　函
北區郵政管理局登記證
北 台 字 第 10158 號
郵資已付　免貼郵票

104 台北市中山區民生東路二段 141 號 5 樓

城邦文化事業股份有限公司

橡樹林出版事業部　收

請沿虛線剪下對折裝訂寄回，謝謝！

|橡|樹|林|

書名：貓僧人：有什麼好煩惱的喵～　書號：JP0132

橡樹林文化
讀者回函卡

感謝您對橡樹林出版社之支持，請將您的建議提供給我們參考與改進；請別忘了給我們一些鼓勵，我們會更加努力，出版好書與您結緣。

姓名：＿＿＿＿＿＿＿＿＿＿ □女 □男 生日：西元＿＿＿＿＿＿年

Email：＿＿＿＿＿＿＿＿＿＿＿＿＿＿＿＿＿＿＿＿

● 您從何處知道此書？

□書店 □書訊 □書評 □報紙 □廣播 □網路 □廣告 DM

□親友介紹 □橡樹林電子報 □其他＿＿＿＿＿＿

● 您以何種方式購買本書？

□誠品書店 □誠品網路書店 □金石堂書店 □金石堂網路書店

□博客來網路書店 □其他＿＿＿＿＿＿

● 您希望我們未來出版哪一種主題的書？（可複選）

□佛法生活應用 □教理 □實修法門介紹 □大師開示 □大師傳記

□佛教圖解百科 □其他＿＿＿＿＿＿

● 您對本書的建議：

＿＿＿＿＿＿＿＿＿＿＿＿＿＿＿＿＿＿＿＿

＿＿＿＿＿＿＿＿＿＿＿＿＿＿＿＿＿＿＿＿

＿＿＿＿＿＿＿＿＿＿＿＿＿＿＿＿＿＿＿＿

我已經完全了解左述內容，並同意本人資料依上述範圍內使用。

＿＿＿＿＿＿＿＿＿＿（簽名）

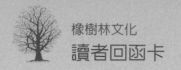